技工院校工学一体化课程教学资源

技工院校计算机网络应用专业工学一体化教材

信息网络布线工作页

主编　周志德

学习任务一
办公室网络布线实施

中国劳动社会保障出版社

简介

本书为技工院校计算机网络应用专业“信息网络布线”工学一体化课程的工作页，依据《计算机网络应用专业国家技能人才培养工学一体化课程标准》编写，供各地技工院校开展工学一体化教学使用。

本书主要包括办公室网络布线实施、中小型企业网络布线实施、园区光缆主干网络布线实施、智能家居安防布线实施四个学习任务，每个学习任务包含获取信息、制订计划、做出决策、实施计划、过程控制、评价反馈六个学习环节。

完成本书中学习任务所需的相关素材可通过技工教育网（https://jg.class.com.cn）下载并使用。

图书在版编目（CIP）数据

信息网络布线工作页 / 周志德主编. -- 北京：中国劳动社会保障出版社，2025. --（技工院校工学一体化课程教学资源）（技工院校计算机网络应用专业工学一体化教材）. -- ISBN 978-7-5167-7099-3

Ⅰ. TP393. 033

中国国家版本馆 CIP 数据核字第 20251XL598 号

信息网络布线工作页

XINXI WANGLUO BUXIAN GONGZUOYE

中国劳动社会保障出版社出版发行

（北京市惠新东街 1 号　邮政编码：100029）

*

北京市艺辉印刷有限公司印刷装订　　新华书店经销

880 毫米 ×1230 毫米　16 开本　20.75 印张　462 千字

2025 年 8 月第 1 版　　2025 年 8 月第 1 次印刷

定价：54.00 元

营销中心电话：400-606-6496

出版社网址：https://www.class.com.cn

https://jg.class.com.cn

技工院校工学一体化课程教学资源

技工院校计算机网络应用专业工学一体化教材

开发院校

牵头院校：广州市工贸技师学院

参与院校：苏州市电子信息技师学院　聊城市技师学院

淄博市技师学院

指导专家

张利芳　陈海娜　马　琳

本书编审人员

主　　编：周志德

参　　编：陈静君　崔玉翠　李　川　朱东方　国梦露　刘志勇　张林燕

张慧青　柴守立　李伟彦　盛　婕

审　　稿：邹伟民

指　　导：张利芳　马　琳

序

技工教育的本质是就业教育，其最显著的特征是职业性，其最好的培养模式就是“在工作中学习、在学习中工作”。培育大批高技能人才，既要适应新一轮科技革命和产业变革的需要，也要遵循技能人才成长发展规律，创新技能人才培养方式。推进工学一体化技能人才培养模式改革是推进校企融合、提质培优的重要途径，是技工院校服务制造业和实体经济发展的务实举措。

2009 年，人力资源社会保障部办公厅印发了《技工院校一体化课程教学改革试点工作方案》，分三批在部分技工院校试点开展工学一体化课程教学改革工作，到 2021 年已经覆盖 31 个专业 191 所部级试点院校。经过十多年的发展，理念得到认同、试点不断扩大、学生学习兴趣明显提高，取得了显著成效。2022 年 3 月，人力资源社会保障部印发了《推进技工院校工学一体化技能人才培养模式实施方案》，提出在全国技工院校大力推进工学一体化技能人才培养模式，实现百个专业、千所院校、万名教师的“百千万”工作目标，以促进技工院校人才培养模式变革、提升技能人才培养质量、带动形成技工院校改革创新新局面。

新一轮工学一体化课程教学改革开展聚焦“课程标准”“课程资源”“教师培养”三项重点工作，为持续推进技工院校工学一体化技能人才培养模式实施奠定了坚实基础。印发《〈国家技能人才培养工学一体化课程标准〉开发技术规程》，出版《工学一体化课程开发指导手册》，分三阶段指引完成 103 个专业国家技能人才培养工学一体化课程标准与课程设置方案开发；编制《工学一体化课程教学资源开发指南》，开发第一批 14 个专业 37 门课程工学一体化课程教学资源；印发《技工院校工学一体化教师培训标准》，出版《工学一体化教师培训指导手册》，依托工学一体化教师培训基地培育师资队伍；印发《技工院校工学一体化课堂、课程、专业、院校建设标准》，出版《工学一体化课程教学实施指导手册》，指引 1 000 所技工院校对标开展工学一体化优质课堂、精品课程、示范专业、骨干院校的建设工作，实现以评促建的目标。

教材建设是教学改革成果固化的重要载体。本次工学一体化课程教学资源按照工作逻辑呈现实践、理论知识和素养，遵循工作过程六步法，从工作向“工作 + 学习”融合，通过引导问题层层递进，实现“输入—内化—输出—考核”的学习闭环，突出学生心智技能和思维的培养，强调学生个人成长的积累。近年来，通过指导专家、几百位试点院校的骨干教师以及编辑团队共同努力，产出了教学指导用书、工作页及答案、信息页及数字资源等形式的系列教材学材，以满足技工院校的教学使用需求。

本系列教材及配套资源的出版，不仅是对本轮技工院校工学一体化技能人才培养模式改革工作的阶段性总结，也是打通从课程标准到课堂实施最后一公里的全新尝试，意义深远。希望全国技工院校将推行工学一体化技能人才培养模式作为创新人才培养模式、提高人才培养质量的重要抓手，为加快培养具有良好工作思维与习惯、自主学习意识与能力、精湛专业技艺与技能的复合型技能人才作出新的更大贡献！

技工教育和职业培训教学指导委员会

2025 年 4 月

目录

学习任务一
办公室网络布线实施

某信息工程服务企业的办公室已经投入运行数年，外网为电信 100 Mbps 专线接入。现因为业务发展需求，该企业需要在总部一层 102 室创建一个全新的网络推广部。为了满足部门员工的工作需求，每个工位将配备高性能计算机设备。同时，为了方便员工打印相关资料，部门内还计划安装一台网络共享打印机。目前该办公室已有 1 个信息点，现根据工位配置需求，要增加 4 个数据信息点。项目前期，该企业的工程部已经安装了交换机，业务主管已经绘制了平面布置图、综合布线系统图、信息点及布线路由图，现需要在 4 天内完成该办公室网络布线实施工作。

作为工程部施工小组的技术人员（信息通信网络线务员），学生需要从教师处接受任务，领取施工图，明确任务基本情况和总体技术要求，根据施工图提供的关键信息辨别网络布线系统构成，勘察现场；选择合适的施工材料并预估数量，制定材料清单，制订并完善施工计划；规范完成信息底盒安装、线槽安装、铜缆敷设、信息模块和配线架端接、网络跳线制作等工作；测试铜缆链路通断情况并解决故障问题；保持现场 6S 管理并整理项目验收单等资料交付给教师。

布线实施执行《综合布线系统工程设计规范》（GB 50311—2016）（简称设计规范），项目验收执行《综合布线系统工程验收规范》（GB/T 50312—2016）（简称验收规范），施工过程中注意安全、规范与环保。

任务要求

1. 布线实施过程需符合以下规范要求。

（1）规范完成信息底盒安装、PVC 线槽安装、超五类双绞线敷设、信息点端接，将线缆从信息点接入楼层配线设备（FD）（因规模较小，配线架可用多用户信息插座代替）并连接交换机，符合设计规范和验收规范中工作区子系统和配线子系统的规范要求。

（2）楼层配线设备（FD）、工作区的线缆、信息底盒等设施应按照规范标识，符合设计规范和验收规范中工作区子系统和配线子系统布线的标识规范要求。

2. 交付的办公室网络布线系统需符合以下验收要求。

办公室网络布线系统中所有信息点链路通畅、标识规范，各项指标符合设计规范和规范要求。

任务资料

任务资料包括平面布置图、综合布线系统图、信息点及布线路由图。

某信息工程服务企业网络推广部办公室平面布置图

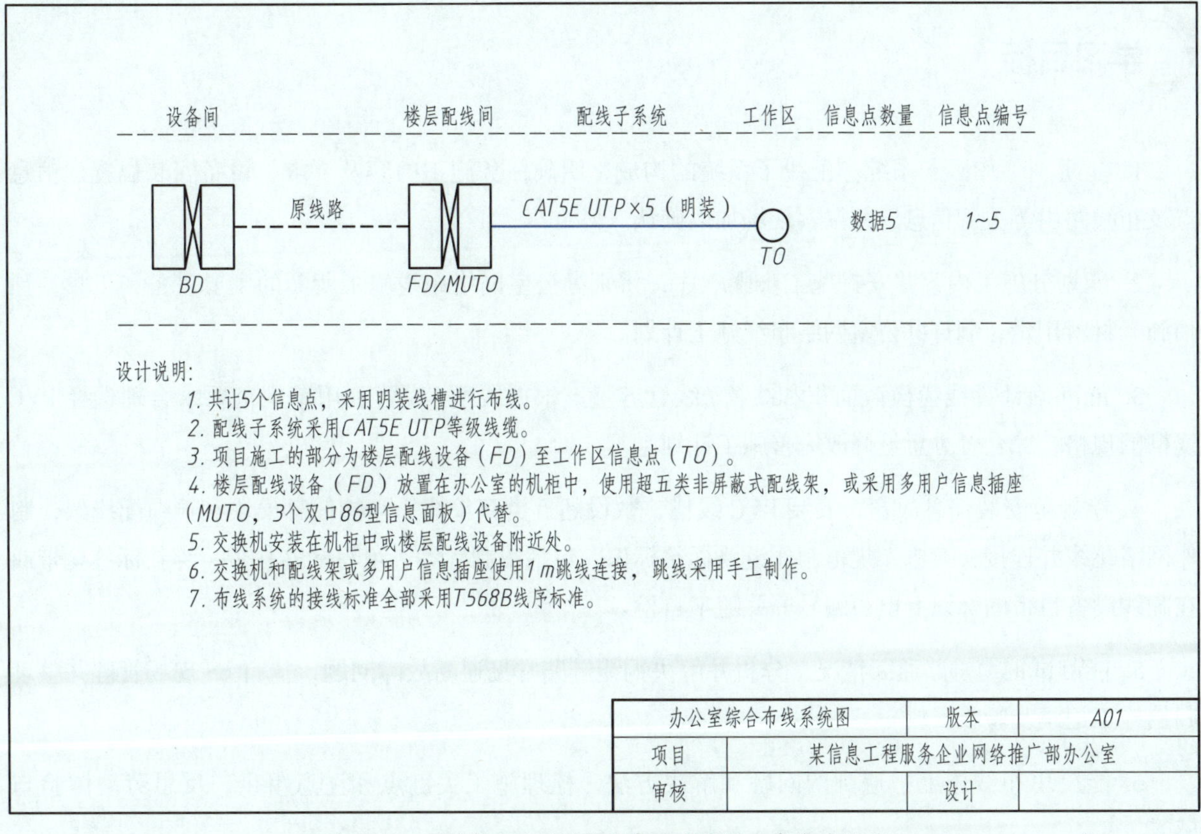

某信息工程服务企业网络推广部办公室综合布线系统图

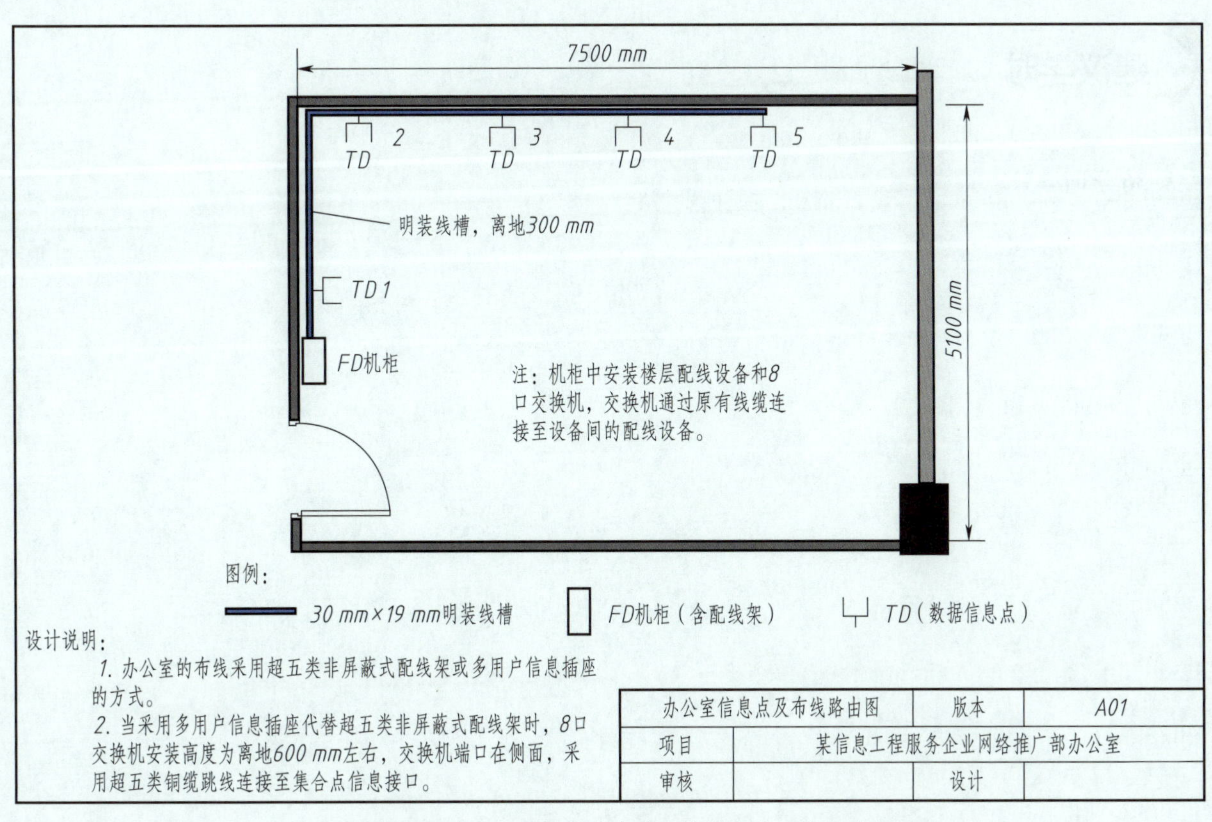

某信息工程服务企业网络推广部办公室信息点及布线路由图

学习目标

1. 能辨别工作区子系统和配线子系统的构成，明确任务施工内容及要求、设备安装位置、信息点及布线路由等关键信息，并勘察现场加以确认。

2. 能划分施工内容并安排施工步骤顺序，辨别办公室网络布线施工所需的主要设备和工具，预估施工材料用量，制订办公室网络布线施工计划。

3. 能准确计算线缆横截面积和线槽 / 线管容量，根据线槽 / 线管利用率规范要求合理选择 PVC 线槽的规格，综合各方意见修改完善施工计划。

4. 能规范安装信息底盒，安装 PVC 线槽，敷设超五类双绞线，端接信息模块和铜缆配线架，制作网络跳线并连接交换机，规范制作链路标签标识，包括编制标签、填写标签扎带、绑扎标签扎带或在配线设备自带的标识上填写编号等并随工自检。

5. 能测试铜缆链路通断情况，分析并解决铜缆链路常见通断故障问题，执行 6S 现场管理并整理归档施工记录及验收资料。

6. 能反思布线施工中遇到的问题和解决方法，梳理施工关键点和注意事项，反思劳动体验与感受。

建议学时

36 学时

学习路径

学习任务　学习环节　学习步骤及学生活动

办公室网络布线实施

- 获取信息
  - 一、明确办公室网络布线实施任务基本信息和要求
    - 明确任务基本信息，辨析布线系统结构
    - 明确任务施工内容及要求
  - 二、识读办公室网络布线施工图
    - 识别办公室网络布线施工图基本要素
    - 识读办公室网络布线施工图关键信息
  - 三、勘察办公室网络布线现场
- 制订计划
  - 一、整理办公室网络布线施工步骤顺序
  - 二、辨别施工设备、工具和材料
    - 辨别工作区子系统施工工具和材料
    - 辨别配线子系统施工设备、工具和材料
  - 三、预估办公室网络布线施工材料用量
    - 按施工规模预估 RJ45 连接器的数量
    - 按设计规范选择线槽 / 线管的规格
    - 根据办公室信息点及布线路由图预估线缆长度
  - 四、制订办公室网络布线施工计划
    - 整理办公室网络布线施工材料清单
    - 按施工步骤制订施工计划
- 做出决策
  - 一、辨析办公室网络布线施工计划优缺点
  - 二、核定线槽规格
    - 检查并修改线管 / 线槽容量
    - 确定本任务所需线槽的规格
  - 三、优化办公室网络布线施工计划

办公室网络布线实施

实施计划

- 一、领取并核对办公室网络布线施工材料
- 二、做好办公室网络布线施工前准备
- 三、安装信息底盒
- 四、制作阴角和阳角并安装 PVC 线槽
- 五、敷设超五类双绞线
  - 规划办公室网络布线端口对应表，做好线缆标记
  - 对比并判断线缆预留长度、线缆弯曲半径等规范尺度，按照规范要求敷设铜缆
- 六、端接信息模块
- 七、端接铜缆配线架
- 八、制作网络跳线并连接交换机
- 九、标识铜缆链路
- 十、记录办公室网络布线施工情况

过程控制

- 一、测试铜缆链路通断情况并解决故障
  - 明确测试验收范围
  - 探讨并梳理铜缆链路常见故障的类型、原因及解决方法
- 二、进行现场 6S 管理并整理归档资料

评价反馈

- 一、梳理办公室网络布线任务实施的关键点和注意事项
- 二、反思劳动体验与感受
  - 反思劳动过程中的沟通与合作表现
  - 崇尚信息网络布线劳动

学习环节一 获取信息

学习目标

1. 能判断信息网络布线的工作范畴与价值，根据业务场景识别办公室网络布线实施任务的基本信息，辨别工作区子系统和配线子系统的构成，明确任务施工内容及要求。

2. 能与小组成员合作，共同查阅施工图，识别工作区子系统和配线子系统的术语、缩略语和图形符号，读取设备安装位置、信息点及布线路由等关键信息，判断项目规模、业务种类、线缆类别、线缆性能、走线方式。

3. 能与小组成员合作，明确房间结构与尺寸、墙体材料、机柜安装位置、信息点位置等勘察内容与勘察目的，对比处理异常情况。

建议学时

4 学时

学习要求

序号	学习步骤	学习内容	学时	备注
1	明确办公室网络布线实施任务基本信息和要求	1. 综合布线岗位认知 2. 工作区子系统和配线子系统的构成 3. 信息点的构成 4. 办公室网络布线施工内容及要求	1	
2	识读办公室网络布线施工图	1. 工作区子系统及配线子系统的术语、图形符号和缩略语之间的对应关系 2. 办公室网络布线施工图关键信息的识别 3. 与人交流的能力 4. 规范意识	2	
3	勘察办公室网络布线现场	办公室网络布线现场勘察内容	1	

职业认识：初识信息网络布线工作范畴

计算机网络应用专业的学生在学习“信息网络布线”工学一体化课程后可选择信息通信网络线务员职业的相关岗位就业，主要从事网络物理链路搭建工作，包括线缆敷设、配线设备端接与安装、链路测试等。根据引导问题认识信息网络布线工作范畴。

1. 查阅信息页中的“综合布线岗位认知”，判断下列工作场景是否属于信息网络布线工作范畴。

是□　否□

是□　否□

是□　否□

是□　否□

2. 下列选项中，属于信息通信网络线务员职责范围的有（　　）。【多选题】

A. 计算机、电话、摄像头等设备以及各类智能设备与网络连通

B. 各楼层区域之间、建筑之间、城市之间网络互通

C. 根据不同规模、业务、功能需求构建稳定的网络物理链路，为图像、音频、文字等各类数据信息的传递提供重要基础支撑

D. 对网络访问权限、流量分配等方面进行灵活的管理

3. 信息网络布线质量直接关系到信息传输的效率、稳定性、安全性和可靠性，思考并判断表 1-1-1 中的描述是否体现了这些工作价值。

表 1-1-1　信息网络布线质量描述表

在企业	如果信息网络布线设计不合理或执行不当，则可能会导致网络信号不稳定、传输速度缓慢，甚至出现网络故障，对企业业务运营造成严重影响	是□ 否□
在医院	如果信息网络布线存在问题，则可能会导致医疗数据丢失或传输错误，进而影响医生的诊断和治疗	是□ 否□
在学校	如果信息网络布线工作不到位，则会直接影响在线教学、资源共享、学生管理等功能，进而影响教学质量和学习体验	是□ 否□
其他	信息网络布线质量对社会治理、日常工作、学习和生活有很大的影响	是□ 否□

一、明确办公室网络布线实施任务基本信息和要求

办公室网络布线实施任务是信息网络布线工作中的基本施工单元，也是信息通信网络线务员最基础的工作任务，需要对它有基本的认识。

（一）明确任务基本信息，辨析布线系统结构

1. 阅读任务描述，观察图 1-1-1 中的场景，思考办公室网络布线实施任务主要是为了实现办公室内______________、______________等设备接入网络，以满足日常的信息传输需求。

图 1-1-1 办公室网络布线实施场景

2. 观看信息网络布线七大子系统微课视频，查阅信息页中的“工作区子系统和配线子系统的构成”，在图 1-1-2 中用红笔圈出配线子系统包含的区域。

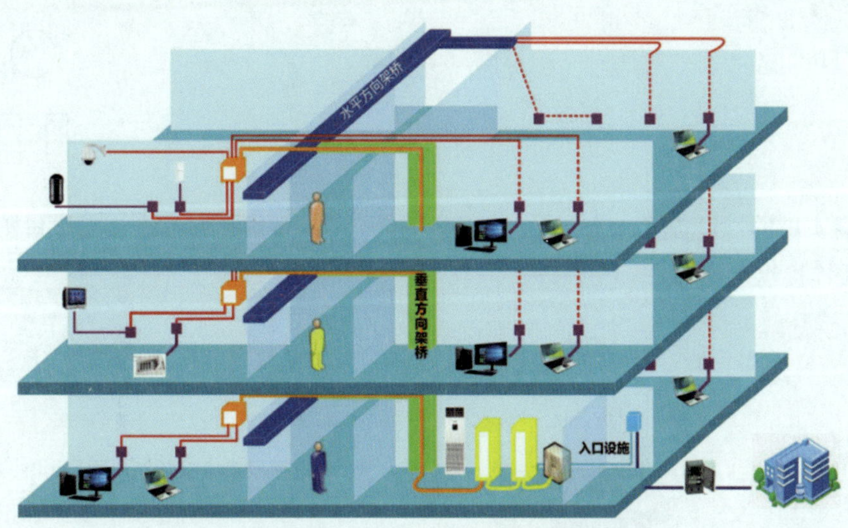

图 1-1-2 信息网络布线七大子系统示意图

3. 阅读任务描述，查阅信息页中的“工作区子系统和配线子系统的构成”“信息点的构成”，下列选项中属于工作区子系统部件的是（　　）。【多选题】

A. 网络跳线

B. 信息插座

C. 信息面板

D. 交换机

（二）明确任务施工内容及要求

1. 阅读任务描述，明确本任务的主要工作内容有________________、PVC线槽安装、__________________、信息点端接等。

2. 为了完成本任务施工内容，保证施工质量，任务描述还明确了本任务施工过程应符合设计规范和验收规范中______________和______________的规范要求。

二、识读办公室网络布线施工图

通过识读办公室网络布线施工图可以了解网络设备的位置，信息点的数量，线缆的类型，以及线缆的敷设方式、路径和走向等，对于确保施工质量、施工安全、施工进度等方面有重要意义。

（一）识别办公室网络布线施工图基本要素

1. 办公室网络布线施工图包含了工作区子系统和配线子系统的术语、图形符号和缩略语，查阅信息页中的“信息网络布线系统常用术语”等内容，辨别下列缩略语、术语和图形符号之间的对应关系，并用直线连接起来。

缩略语	术语	图形符号
CP	信息点	（椭圆内标CP）
FD	楼层配线设备	（圆形）
TO	集合点	（方框交叉符号）

2. 查阅信息页中的“设备间、集合点、交换机的简介”，辨别下列术语、图片和释义之间的对应关系，并用直线连接起来。

术语	图片	释义
集合点		◆ 建筑物内集中安装网络设备和配线设备的房间，用于管理和分配通信线路，确保网络高效运行
交换机		◆ 楼层配线设备与信息点之间水平线缆路由中的连接点
设备间		◆ 一种用于电（光）信号转发的网络设备

（二）识读办公室网络布线施工图关键信息

1. 图 1–1–3 所示是本任务的办公室综合布线系统图的主体部分，通过识别图中的术语、缩略语和图形符号并结合设计说明，把读取到的关键信息填写在下面横线上。

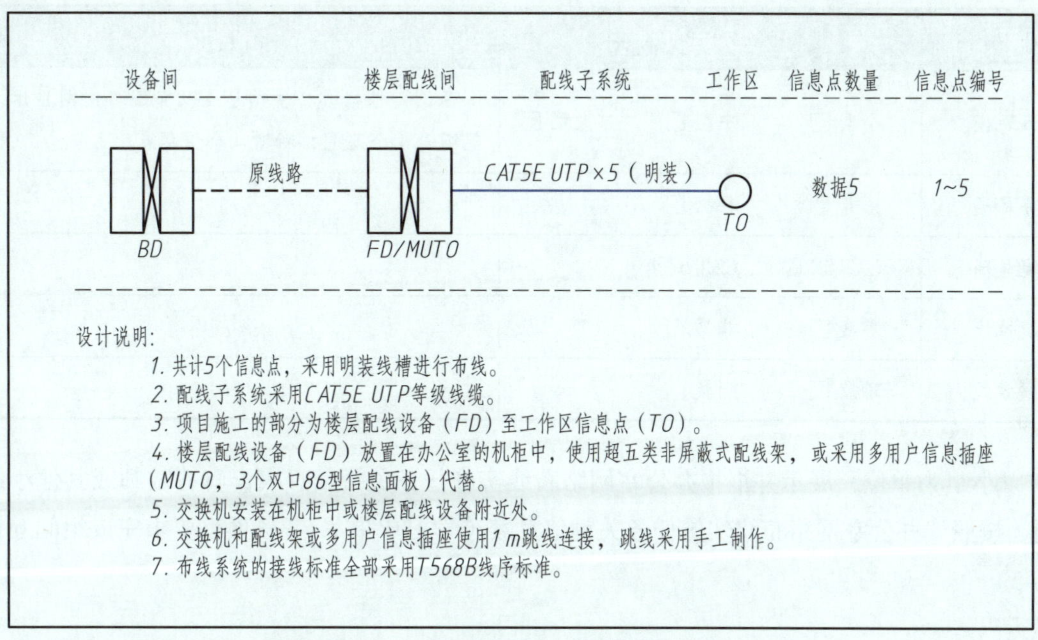

图 1–1–3　办公室综合布线系统图（主体部分）

（1）信息点数量：____________　（2）线缆及其安装方式：____________

（3）项目施工的部分：__________至__________

2. 结合在办公室综合布线系统图（主体部分）中读取到的关键信息，查阅图 1–1–4 所示的办公室信息点及布线路由图（主体部分），并在图中把工作区子系统和配线子系统所在区域、配线架和交换机的安装位置、路由走向标注出来。

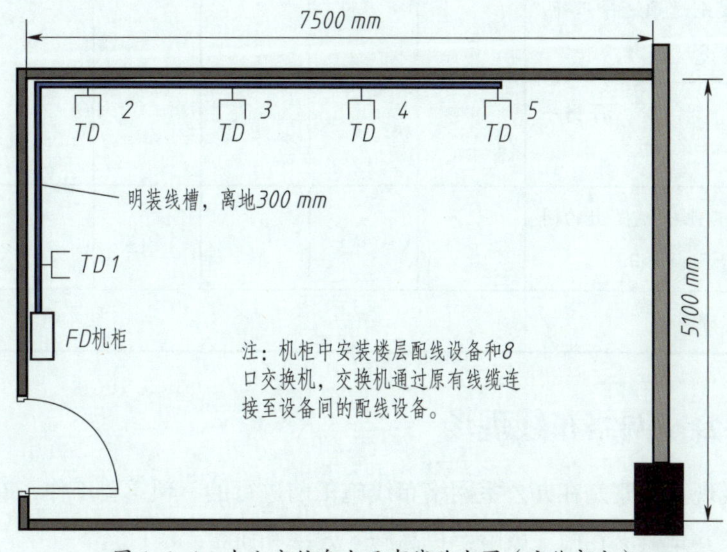

图 1–1–4　办公室信息点及布线路由图（主体部分）

3. 对比本任务的任务描述、平面布置图、综合布线系统图、信息点及布线路由图，再次核对本任务关键信息，在表 1–1–2 中选择确认的信息，并填写判断依据。

表 1–1–2　　办公室网络布线实施任务关键信息表

内容	类别选项	判断依据
项目规模	小型 □　中型 □　大型 □	示例：根据办公室信息点及布线路由图显示，施工范围是 1 个房间，新增 4 个信息点
业务种类	语音 □　数据 □	
线缆类别	CAT 5E □　CAT 6 □	
线缆性能	屏蔽 □　非屏蔽□	
走线方式	暗敷 □　明敷 □	

4. 以小组为单位，展示并汇报办公室网络布线实施任务关键信息表，解答教师或其他小组提出的问题，按照“办公室网络布线实施任务关键信息表（学习成果）”考核项目要求完成组间互评，见表 1–1–3。

表 1–1–3　“办公室网络布线实施任务关键信息表（学习成果）”考核项目评分表

组别：

本考核项目总分占学习任务考核总分的 10%，可按 10 分计算

评分项目	得分（互评占比为 30%、师评占比为 70%）						
	小组一	小组二	小组三	小组四	小组五	小组六	师评
项目规模、业务种类、线缆类别、线缆性能、走线方式各类别选项选择正确，计 5 分，每错一项扣 1 分							
各项判断依据合理，计 3 分，每错一项扣 1 分							
能合理解答教师或其他小组提出的问题，计 2 分，解答不合理扣 1 分							
汇总得分							

三、勘察办公室网络布线现场

办公室网络布线现场勘察是在办公室网络布线施工前进行的一项重要工作，有助于全面了解现场情况，确定客户需求并规避潜在施工风险，提高施工效率和质量。

1. 查阅信息页中的“办公室网络布线现场勘察内容”，判断下列施工现场图、勘察内容和勘察目的之间的对应关系，并用直线连接起来。

施工现场图	勘察内容	勘察目的
	墙体材料	◆ 确定打孔难度和施工工具
	机柜安装位置	◆ 核对与施工图的一致性，预判线缆在信息点的终接位置
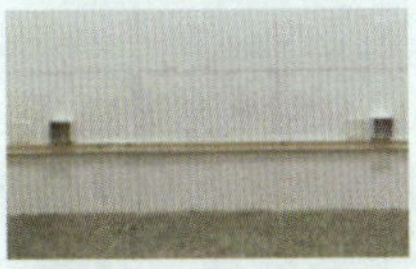	信息点位置	◆ 核对与施工图的一致性，确定走线方式，预判线缆长度
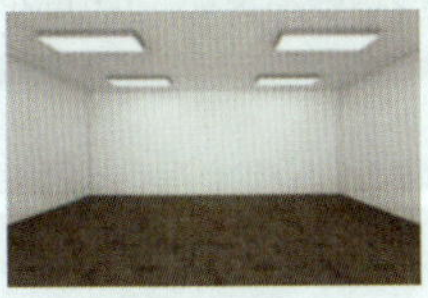	房间结构与尺寸	◆ 核对与施工图的一致性，预判线缆在楼层配线设备端的终接位置

2. 在勘察现场时，若发现墙体为水泥，为了更好地实施任务，恰当的解决对策是（　　）。【单选题】

A. 选择合适的钻孔旋具　　B. 改变墙体结构

C. 改变路由　　D. 绕过墙体施工

3. 在勘察现场时，若客户提出需要更改信息点位置且施工材料足够，较合理的做法是（　　）。【单选题】

A. 严格按照图纸施工，因为图纸一旦确定就不能改动

B. 向主管汇报，经主管与客户沟通后确定

C. 按照客户指定位置迅速调整

D. 无须考虑工期问题，按客户需求慢慢调整

学习环节二 制订计划

学习目标

1. 能与小组成员合作，根据工作区子系统和配线子系统的构成规划施工内容并安排施工步骤顺序。

2. 能与小组成员合作，根据办公室网络布线需求，结合现场勘察结果、信息点及布线路由图，辨别办公室网络布线施工所需的主要设备和工具，以及 PVC 线槽 / 线管、超五类双绞线、信息底盒、RJ45 连接器、信息模块、信息面板等材料。

3. 能根据设计规范和施工需要，预估办公室网络布线施工材料用量。

4. 能与小组成员合作，参考案例，以施工步骤和内容顺序为主线制订办公室网络布线施工计划。

建议学时

8 学时

学习要求

序号	学习步骤	学习内容	学时	备注
1	整理办公室网络布线施工步骤顺序	工作区子系统和配线子系统施工步骤顺序的安排	2	
2	辨别施工设备、工具和材料	1. 工作区子系统常用施工工具和材料的种类及特点 2. 配线子系统施工设备、工具和材料的种类及特点	2	
3	预估办公室网络布线施工材料用量	1. RJ45 连接器需求量计算公式 2. 线槽 / 线管的选型依据 3. 线缆长度的估算方法	2	
4	制订办公室网络布线施工计划	1. 办公室网络布线施工材料清单的整理 2. 办公室网络布线施工计划的制订	2	

一、整理办公室网络布线施工步骤顺序

合理安排施工步骤顺序有助于有序、高效地开展施工。本任务的施工对象主要为工作区子系统和配线子系统，结合工作区子系统和配线子系统的构成规划施工步骤。

1. 查看信息页中的“工作区子系统和配线子系统施工步骤顺序的安排”，在下列选项中勾选出适合本任务的施工步骤。

安装信息底盒 □	安装 PVC 线槽 / 线管 □	敷设超五类双绞线 □
整理配线子系统线缆 □	安装铜缆配线架 □	端接铜缆配线架 □
安装理线架（铜缆）□	用标签标识铜缆链路 □	端接信息模块 □
敷设室内光缆 □	测试铜缆链路通断 □	制作网络跳线并连接交换机 □

2. 查阅本任务办公室信息点及布线路由图，观察路由走向，对选择的施工步骤进行排序。

（1）____安装信息底盒____ （2）________

（3）________ （4）________

（5）________ （6）________

（7）________ （8）________

二、辨别施工设备、工具和材料

（一）辨别工作区子系统施工工具和材料

1. 在办公室网络布线施工中，安装信息底盒是工作区子系统布线的基本施工步骤。施工人员需要根据环境选择暗装信息底盒或明装信息底盒。查阅信息页中的“信息底盒的种类及特点”或咨询 AI 助手，对比这两种信息底盒的差异，填写表 1-2-1。

表 1-2-1 暗装信息底盒和明装信息底盒的差异

比较项目	暗装信息底盒	明装信息底盒
应用环境	新建筑或大型装修场所以及要保持美观的地方	
优点		
缺点		

2. 根据本任务情境，办公室中应选择（ ）信息底盒。【单选题】

A. 明装　　B. 暗装

3. 查阅信息页中的“安装信息底盒过程”，观察教师提供的工具和材料，识别安装信息底盒所需要的工具和材料，将下列工具和材料的图片与对应的名称用直线连接起来。

工具和材料的图片	工具和材料的名称
	信息底盒
	自攻螺钉
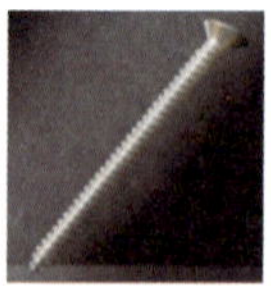	卷尺
	水平尺
	冲击钻
	膨胀管
	螺钉旋具
	油性笔
	自动旋具

（二）辨别配线子系统施工设备、工具和材料

1. 在办公室网络布线施工中，需要先安装线槽 / 线管才能敷设线缆，其中，PVC 线槽 / 线管是常用的材料，查阅信息页中的“PVC 线管 / 线槽的种类和特点”，根据以下特点判断材料种类，并列出它们的常用规格。

具有“可以开合，便于维护，但抗压性较弱”特点的是（PVC 线槽 □ PVC 线管 □），常用规格有：____。

具有“全封闭，便于安装，抗压性相对较强”特点的是（PVC 线槽 □ PVC 线管 □），常用规格有：____。

2. 在安装 PVC 线槽 / 线管的施工中，施工人员需要根据环境制作特殊弯角或选择阴角、阳角、三通等配件，为拐弯处的线缆提供特殊保护并兼顾环境美观性。使用“阴角”“阳角”“三通”“堵头”等关键词咨询 AI 助手或查询网络资源，根据表 1-2-2 中各应用场景选择适用的配件。

表 1-2-2 阴角、阳角、三通、堵头等配件的应用场景

可选项	阴角 阳角 三通 堵头
应用场景	**应选择的配件**
用于处理墙面凸出的角落	
用于处理墙面凹进的角落	
用于管道系统的连接，允许三个方向的管道连接在一起	
用于封闭管道的开口以防止异物进入或用于临时封闭未被使用的管道端口	

3. 查阅信息页中的“PVC 线槽 / 线管安装步骤”，观察教师提供的工具和材料，判断下列工具和材料是不是 PVC 线槽 / 线管安装所必需的。

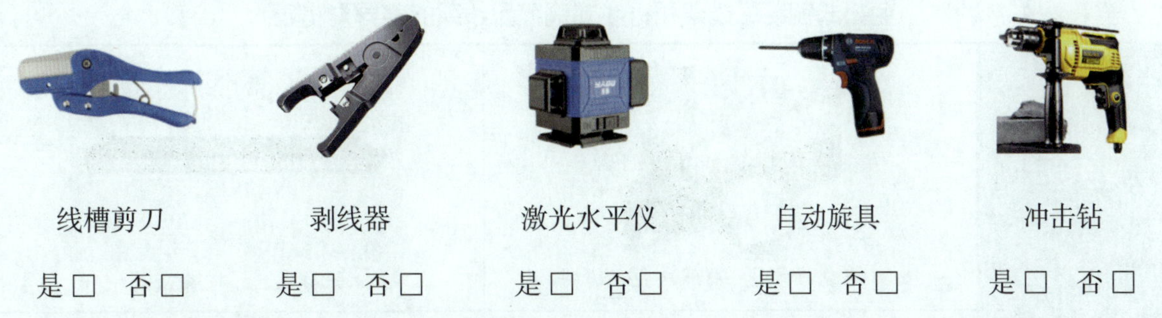

线槽剪刀 是□ 否□　　剥线器 是□ 否□　　激光水平仪 是□ 否□　　自动旋具 是□ 否□　　冲击钻 是□ 否□

4. 在敷设线缆时需正确辨别和使用相应规格的双绞线，查阅信息页中的“常用双绞线的类型”，观察图 1-2-1 中双绞线外护套的印字标识，判断该双绞线的类型及规格。

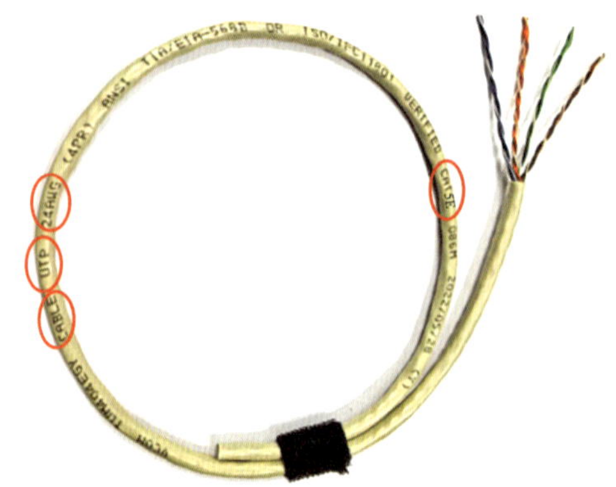

图 1-2-1　某类型双绞线样品图

（1）CABLE：________　　（2）UTP：________

（3）24AWG：________　　（4）CAT 5E：________

5. 查阅信息页中的“常用双绞线的类型”，对比 CAT 5 线缆和 CAT 5E 线缆的差异，填写表 1-2-3。

表 1-2-3　　CAT 5 线缆和 CAT 5E 线缆的差异

规格	带宽	传输速率	应用网络环境
CAT 5			
CAT 5E			

6. 由于办公室网络主要连接计算机和打印机以满足日常办公的需求，因此本任务选用的______型号双绞线性能更优，能更好满足需求。

7. 在任务实施中，敷设完线缆后需要把线缆端接到配线架上。观察免打式铜缆配线架和打线式铜缆配线架的结构特点，查阅信息页中的“铜缆配线架的种类”，从外观结构、端接方法等方面对比两者之间的差异，并在表 1-2-4 中判断铜缆配线架的类型。

表 1-2-4　　免打式铜缆配线架和打线式铜缆配线架的差异对比表

外观结构	免打式 □　打线式 □	免打式 □　打线式 □
端接方法	先端接好信息模块，再按照铜缆配线架结构特点把信息模块安装到指定端口中 免打式 □　打线式 □	使用打线刀将铜缆的线芯直接压入铜缆配线架上的绝缘位移连接器中 免打式 □　打线式 □

续表

剥线处理方法	将铜缆裁剪至合适长度，用剥线器剥离约 3 cm 的外护套，按免打式模块色标线序（T568A/B）梳理和排列线芯，将线芯末端倾斜修剪以便插入模块卡槽 免打式 □　打线式 □	用剥线器剥离约 4 cm 的外护套，按打线式配线架色标线序（T568A/B）梳理和排列线芯，无须提前剪断多余线芯 免打式 □　打线式 □
应用场景	适用于对安装便捷性要求较高的场合，如小型办公室、家庭网络等 免打式 □　打线式 □	适用于对传输性能要求较高的场合，如数据中心、大型企业网络等 免打式 □　打线式 □

8. 与端接配线架相对应，端接线缆的另一端即端接信息模块也同样重要。查阅信息页中“信息模块”的介绍，观察教师提供的端接信息模块所需要的工具和材料，将以下工具和材料的图片与对应的名称用直线连接起来。

工具和材料的图片	工具和材料的名称
	剥线器
	网线
	超五类非屏蔽免打式模块
	鱼嘴钳
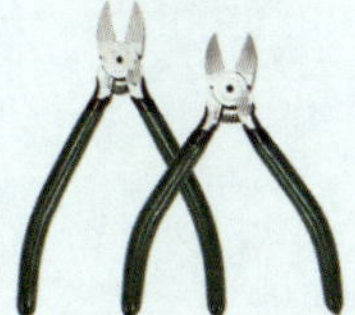	斜口钳

9. 观察教师提供的安装超五类铜缆配线架所需要的工具和材料，根据以下图片辨别各工具和材料，把工具和材料的图片与对应的名称用直线连接起来。

工具和材料的图片	工具和材料的名称
	简易通断测试仪
	标签扎带
	普通扎带
	油性笔
	打线刀

10. 跳线是信息网络布线中不可或缺的组件，可将配线架连接到交换机、路由器或其他网络设备，使网络的搭建、维护和扩展变得更加高效和灵活。查阅信息页中的“RJ45 连接器”和“网络跳线”，将以下设备、工具和材料与对应的实物图片用直线连接起来。

设备、工具和材料	实物图片
网络跳线	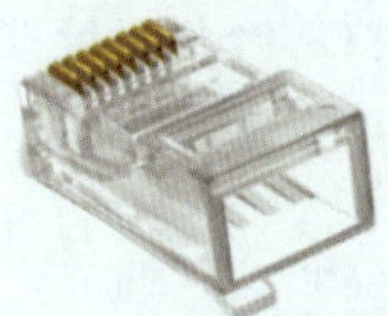
网线钳	
交换机	
RJ45 连接器 （俗称水晶头）	

三、预估办公室网络布线施工材料用量

预估办公室网络布线施工材料用量可以使项目团队更好地控制项目成本，确保施工进度，提高施工质量，并有效应对施工过程中可能出现的各种情况。下面根据施工步骤，逐步预估所需要的施工材料用量。

（一）按施工规模预估 RJ45 连接器的数量

观察办公室信息点及布线路由图，查阅信息页中的“RJ45 连接器需求量计算公式”，结合本任务施工规模，预估本任务中需要 RJ45 连接器的数量为____个比较合适。

（二）按设计规范选择线槽 / 线管的规格

1. 如果在布线过程中需要使用线槽 / 线管，则不能将它们的空间填充满，查阅信息页中的“线槽 / 线管的选型依据”，思考这样做的原因是（　　）。【多选题】

A. 未来扩展需要

B. 维护和检修需要

C. 减少信号干扰需要

D. 散热需要

2. 根据设计规范，线缆横截面积总和不超过线槽横截面积的50%。本任务配线子系统的线槽需要容纳5根CAT 5E双绞线，请领取5根CAT 5E双绞线以及不同规格的线槽和线管，试将这5根CAT 5E双绞线填充到不同规格的线槽和线管中，仔细观察并判断选择（　　　　）规格的线槽或（　　　　）规格的线管可以符合设计规范。是否可以有其他不同的选择？为什么？

____

____

____

（三）根据办公室信息点及布线路由图预估线缆长度

1. 查阅办公室信息点及布线路由图，根据图纸中的数据，查阅信息页中的“线缆长度的估算方法”，小组自由探究，尝试估算本任务需要CAT 5E双绞线的总长度大约为（　　）m。

2. 结合以上所学的知识和技能，进行知识迁移，预估图1-2-2中CAT 5E双绞线总长度大约为（　　）m，各小组相互交流估算方法。

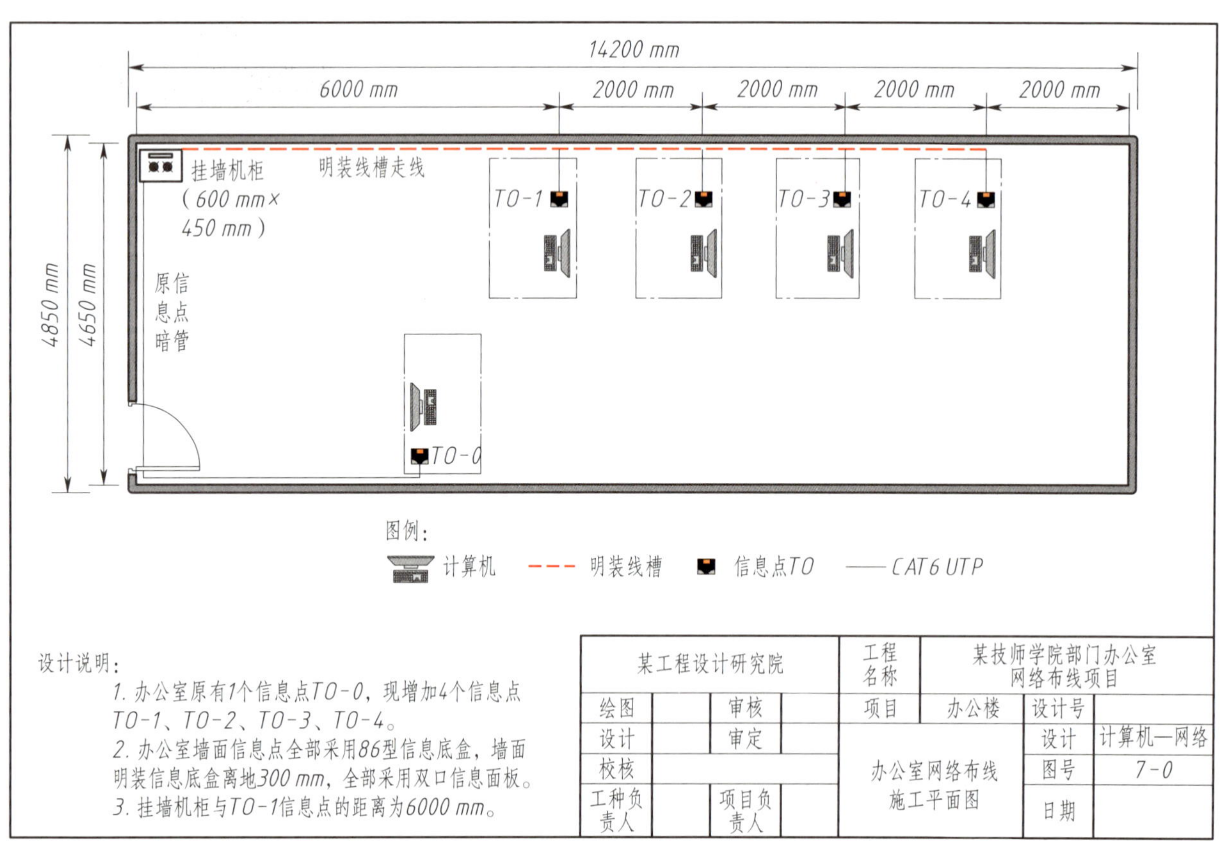

图1-2-2　某技师学院部门办公室网络布线施工平面图

四、制订办公室网络布线施工计划

（一）整理办公室网络布线施工材料清单

回顾本任务工作区子系统和配线子系统施工所需要的设备、工具和材料，逐项整理和统计 PVC 线槽 / 线管、CAT 5E 双绞线、信息底盒、RJ45 连接器、信息面板等的规格 / 型号和数量，检查是否有缺漏、冗余，填写表 1–2–5，形成材料清单。

表 1-2-5 办公室网络布线施工材料清单

序号	材料名称	规格 / 型号	单位	数量	备注
1	双绞线	CAT 5E	m	初步预估 65	UTP
2					
3					
4					
5					
6					
7					
8					
9					
10					
11					
12					
13					
14					

（二）按施工步骤制订施工计划

拟订施工计划有助于提高施工效率、控制成本、减少事故发生和降低伤害风险、提高客户满意度等，确保项目顺利完成。

1. 小组合作在表 1–2–6 中补充任务基本信息，并按照施工步骤划分施工内容、所需设备、所需工具及施工人员，讨论安全管理措施和环境保护措施，形成办公室网络布线施工计划。

表 1-2-6　　办公室网络布线施工计划

任务名称					
项目规模		业务种类		走线方式	
施工步骤	施工内容	所需设备	所需工具		施工人员
安全管理措施					
环境保护措施					

2. 按照“办公室网络布线施工计划的制订（学习成果）”考核项目要求完成组间互评，见表 1-2-7。

表 1-2-7　　“办公室网络布线施工计划的制订（学习成果）”考核项目评分表

组别：

本考核项目总分占学习任务考核总分的 10%，可按 10 分计算

评分项目	得分（互评占比为 30%、师评占比为 70%）						
	小组一	小组二	小组三	小组四	小组五	小组六	师评
施工步骤及内容无遗漏，安全管理和环境保护措施具体可行，计 5 分，每遗漏一项重要内容扣 1 分							
各项施工步骤的实施人员分工明确、具体，相对合理，计 2 分，每遗漏一项扣 1 分							
能正确区分各项施工内容的主要设备、工具和材料，符合施工内容需求，计 3 分，每缺少（或不匹配）一类扣 1 分							
汇总得分							

学习环节三 做出决策

学习目标

1. 能小组合作展示施工计划和材料清单，用专业语言说明施工步骤、内容、设备、工具及人员分工等各项内容和制订理由，对比和辨析各小组施工计划的优点和不足。

2. 能采用小组讨论的方式，依据线缆横截面积和线槽容量计算公式，准确计算线缆横截面积和线槽容量，正确选择 PVC 线槽的规格。

3. 能以小组合作的方式综合各方意见，识别办公室网络布线施工计划中可优化的地方，并修改优化施工计划。

建议学时

4 学时

学习要求

序号	学习步骤	学习内容	学时	备注
1	辨析办公室网络布线施工计划优缺点	1. 办公室网络布线施工计划的说明 2. 与人交流的能力	2	
2	核定线槽规格	1. 线槽容量的计算方法 2. PVC 线槽规格的选择	1	
3	优化办公室网络布线施工计划	办公室网络布线施工计划优化点的识别	1	

一、辨析办公室网络布线施工计划优缺点

对办公室网络布线施工计划进行充分讲解，有助于施工人员达成共识，合理开展布线施工。

1. 小组展示并使用专业语言汇报办公室网络布线施工计划和材料清单，通过组内讨论、分析，对各小组施工计划中的施工步骤、内容、设备、工具、人员分工、安全管理措施、环境保护措施等关键要素的差异性给出较为合理的评价，记录在表 1-3-1 中。

表 1-3-1　　办公室网络布线施工计划的优点与不足记录表

组别	优点	不足
小组一		
小组二		
小组三		
小组四		
小组五		
小组六		

2. 根据各小组汇报，归纳出本任务中用到的工作区子系统和配线子系统中的专业术语或缩略语，在下面横线中至少列出 5 个。

____

____

二、核定线槽规格

在办公室网络布线施工中，线槽规格的选择既要满足当前的实际需求，又要兼顾未来扩展与维护的便利性。通常线槽 / 线管的横截面积应留有至少 50% 的冗余以备扩展，从而保证布线系统高效、稳定地运行。

（一）检查并修改线槽 / 线管容量

1. 查阅信息页中的“线槽容量的计算”，结合本任务中信息点的数量，按照 CAT 5E 双绞线外径为 6 mm 来计算所需线缆横截面积是____________，所需线槽容量是____________。

2. 假如在家庭网络布线中需要通过一段内径为 16 mm 的 PVC 线管敷设 CAT 5E 双绞线以连接两个房间的网络设备，已知每根 CAT 5E 双绞线的外径约为 6 mm，根据线缆填充率不超过线管内径面积 50% 的原则，这段线管最多能容纳（　　）根 CAT 5E 双绞线。**【单选题】**

A. 1　　B. 2　　C. 3　　D. 4

（二）确定本任务所需线槽的规格

1. 查阅信息页中的“线槽 / 线管的选型依据”，依据本任务线缆横截面积，结合线槽的横截面积至少留 50% 富余量的规范，在信息页中的 PVC 线槽规格中，符合本任务规格的有：____。

2. 考虑经济性，小组讨论确定本任务中最合适的 PVC 线槽规格为：____________________。

三、优化办公室网络布线施工计划

1. 小组合作，排查本组施工计划中存在的问题，识别可优化的地方，修改优化施工计划，把问题和优化结果记录在表 1–3–2 中。

表 1-3-2　办公室网络布线施工计划修订表

序号	计划中存在的问题	优化结果
1		
2		
3		
4		

2. 按照“办公室网络布线施工内容、材料及工具的说明与核定（技能）”考核项目要求完成组间评价，见表 1–3–3。

表 1-3-3　“办公室网络布线施工内容、材料及工具的说明与核定（技能）”考核项目评分表

组别：

本考核项目总分占学习任务考核总分的 8%，可按 8 分计算

评分项目	得分（互评占比为 30%、师评占比为 70%）						
	小组一	小组二	小组三	小组四	小组五	小组六	师评
在展示与交流中能清晰表达施工步骤及内容、设备、工具、材料情况，以及材料的预估或计算方法，计 2 分，有所欠缺扣 1 分							
在展示与交流中能够运用专业术语，仪态端庄，积极回应同学和老师的疑问，计 1 分，否则不得分							

续表

评分项目	得分（互评占比为 30%、师评占比为 70%）						
	小组一	小组二	小组三	小组四	小组五	小组六	师评
在决策过程中能合理把握线缆横截面积，满足不超过线槽横截面积 50% 的规范要求，计 2 分，否则不得分							
能根据科学计算，准确判定 PVC 线槽的规格，计 3 分，否则不得分							
汇总得分							

学习环节四 实施计划

学习目标

1. 能与小组成员合作，按照材料清单领取并核对施工材料，根据施工内容准备并检查施工工具，确保齐全。

2. 能与小组成员共同明确布线施工安全规范，穿戴好安全防护用品并准备好劳动工具。

3. 能与小组成员合作，根据信息点及布线路由图，安装信息底盒并自检，符合验收规范中的“3. 环境检查”和“5. 设备安装检验”。

4. 能与小组成员合作，根据设备和信息点位置核准线槽安装位置，安装 PVC 线槽，根据线路拐弯或分合需要制作特殊弯角，做好随工自检，确保线槽横平竖直。

5. 能与小组成员合作，正确判断铜缆敷设规范，敷设超五类双绞线并自检，符合验收规范中的“6. 缆线的敷设和保护方式检验”。

6. 能与小组成员合作，端接信息模块并盖好信息面板，端接铜缆配线架，制作网络跳线并连接交换机，在施工环境中主动发现并解决常见问题，符合验收规范中的“6. 缆线的敷设和保护方式检验”及“7. 缆线终接”。

7. 能明确铜缆和信息面板标签标识的目的及总体要求，完整、规范地标识铜缆、信息面板。

8. 能按要求填写办公室网络布线施工记录表。

9. 能在施工过程中做到安全、规范、环保，崇尚劳动。

建议学时

14 学时

学习要求

序号	学习步骤	学习内容	学时	备注
1	领取并核对办公室网络布线施工材料	办公室网络布线施工工具和材料的检查方法	1	
2	做好办公室网络布线施工前准备	布线施工安全规范	1	
3	安装信息底盒	1. 信息底盒安装规范 2. 崇尚劳动的精神	1	
4	制作阴角和阳角并安装 PVC 线槽	1. 线槽阴角、阳角的制作 2. PVC 线槽 / 线管的安装步骤及规范要求 3. PVC 线槽和 PVC 线管的应用差异	2	
5	敷设超五类双绞线	线缆的敷设规范	2	
6	端接信息模块	信息模块端接的步骤及注意事项	2	
7	端接铜缆配线架	铜缆配线架的端接	1	
8	制作网络跳线并连接交换机	超五类非屏蔽直通跳线和交叉跳线的制作	2	
9	标识铜缆链路	铜缆和信息面板标签标识规范	1	
10	记录办公室网络布线施工情况	施工记录表的填写内容及要求	1	

一、领取并核对办公室网络布线施工材料

施工前，施工人员除了需要领取、清点并核对线缆、信息底盒、信息面板等主要材料，还要领取和准备足够的施工辅料，如螺钉、扎带、标签纸、魔术贴等。根据以下问题，做好材料的领取与核对工作。

1. 回顾学习环节二中所选定的材料，以小组为单位，参考以下清单领取并核对材料，根据实训条件确定学习和模拟施工所需的实际数量，注意判断材料的规格 / 型号和数量是否与所需一致，填写表 1–4–1。

表 1–4–1　　办公室网络布线施工材料清单

序号	材料名称	规格 / 型号	单位	数量	是否一致
1	双绞线	CAT 5E	m		是□　否□
2	普通扎带	250 mm	包		是□　否□

续表

序号	材料名称	规格 / 型号	单位	数量	是否一致
3	信息底盒	86 型	个		是□ 否□
4	信息面板	86 型（双口）	个		是□ 否□
5	信息面板	86 型（单口）	个		是□ 否□
6	标签纸	40 贴 / 张	张		是□ 否□
7	标签扎带	100 mm	个		是□ 否□
8	PVC 线槽	39 mm × 19 mm	m		是□ 否□
9	自攻螺钉	20 mm	个		是□ 否□
10	免打式模块	CAT 5E	个		是□ 否□
11	魔术贴	6 m × 20 mm	卷		是□ 否□
12	RJ45 连接器	CAT 5E	盒		是□ 否□
13	胶粒	单管 φ 6 mm	粒		是□ 否□

2. 对于本任务主要的工具和材料需格外关注，查阅信息页中的“办公室网络布线施工工具和材料的检查方法”，仔细检查所领取的超五类双绞线、PVC 线槽以及教师提供的剥线器是否有异常，回答以下问题。

在检查剥线器的时候，要注意检查剥线器刀片的__________和__________，当发现使用剥线器剥线伤及线芯时应____________________。

二、做好办公室网络布线施工前准备

在施工过程中需要注意以人为本，安全第一，做好安全防护是施工的前提条件。

1. 查阅信息页中的“布线施工安全规范”，判断以下情景是否符合布线施工安全规范要求。

佩戴安全帽 是□ 否□　佩戴防护手套 是□ 否□　穿安全防护鞋 是□ 否□　佩戴护目镜 是□ 否□

线缆冗余 是□ 否□　废弃线头或螺钉 是□ 否□　着装 是□ 否□　佩戴工具包 是□ 否□

2. 根据办公室网络布线施工内容，下列选项中属于本任务需穿戴的安全防护用品和应准备的劳动工具的是（　　）。【多选题】

A. 安全帽　　B. 安全防护鞋　　C. 护目镜　　D. 防护手套

E. 安全带和安全网　　F. 工作服　　G. 垃圾筐　　H. 扫把

在确保施工前穿戴好本任务所需的安全防护用品并准备好劳动工具后，就可以进入施工环节了。

三、安装信息底盒

1. 自主查阅参考资料，组内对比整理明装信息底盒的操作步骤，记录如下。

第一步：______________________________。

第二步：______________________________。

第三步：______________________________。

第四步：______________________________

______________________________。

2. 查阅信息页中的“信息底盒安装规范”，将以下各类施工现象和所带来的不良影响用直线连接起来。

施工现象	不良影响
信息底盒没有保持水平	后续维护和管理较困难
信息底盒安装位置与地面距离小于 300 mm	信息点不牢固，易导致信息底盒松动或损坏
信息底盒标识不清且盒内线缆杂乱未整理	影响整体美观
信息底盒安装不到位或信息底盒与信息面板有间隙	易受潮，存在安全隐患

3. 小组合作规范完成信息底盒的安装，在表 1–4–2 中填写安装记录。

表 1–4–2　　信息底盒安装记录表

操作步骤	规范和要求	遇到的问题和改进措施

四、制作阴角和阳角并安装 PVC 线槽

PVC 线槽在拐弯的地方需要采用阴角或阳角配件，若没有配件则需要手工制作。

1. 根据模拟施工环境，判断需要制作阴角或阳角的地方。查阅信息页中的“线槽阴角、阳角的制作”，观看教师演示和讲解，每人练习制作 3 个阴角和 3 个阳角，与同学对比制作质量，交流操作步骤和技巧，记录操作注意事项。

____

____

____

____

____

2. 查阅信息页中的“PVC 线槽 / 线管的安装步骤及规范要求”，小组合作安装 PVC 线槽（含阴角和阳角），并在表 1–4–3 中整理 PVC 线槽安装步骤，在“序号”列填写各步骤的正确序号。

表 1-4-3　　PVC 线槽安装步骤

序号	安装步骤
	固定 PVC 线槽
	插入膨胀管
7	使用水平仪判断线槽是否横平竖直
	画线，根据图纸确定 PVC 线槽安装路径
	使用冲击钻在墙上打孔
6	安装盖板
	根据确认的 PVC 线槽长度需求进行切割

3. 根据办公室网络布线线槽安装施工规范，小组讨论总结在安装 PVC 线槽时应注意的事项，填写表 1–4–4。

表 1-4-4　　PVC 线槽安装记录表

注意事项	规范和要求	遇到的问题和改进措施
测量准确	使用水平仪、直角尺等工具测量，确保线槽安装横平竖直，整体水平偏差不超过 3°	
安装稳固		

续表

注意事项	规范和要求	遇到的问题和改进措施
衔接平顺		
线槽密封		

4. 在本任务中所使用的 PVC 线槽也可以用 PVC 线管代替，但线槽和线管在应用场景上有一定的差异。查阅信息页中的“PVC 线槽和 PVC 线管的应用差异”，按照表 1-4-5 中的提示判断二者之间的差异。

表 1-4-5　　PVC 线槽和 PVC 线管的差异对比表

名称	（　　　）	（　　　）
安装方式	墙面□　地面□　墙内□　地下□	墙面□　地面□　墙内□　地下□
布线密度	大□　小□	大□　小□
可维护性	易□　难□	易□　难□

五、敷设超五类双绞线

线缆一旦敷设完毕即固定下来，一般不轻易改动。因此，敷设时需要注意做好标记以免线缆混淆；合理预估冗余长度以备端接；弯曲半径符合规范以确保信息传输通畅、稳定。

（一）规划办公室网络布线端口对应表，做好线缆标记

1. 观察信息页中的“办公室网络布线端口对应表”，依据办公室综合布线系统图，每根 CAT 5E 双绞线的一端对应配线架的端口编号，另一端对应信息点端口编号，小组讨论并尝试使用不同的编号方式编制本次施工中的信息点与配线架端口编号，填写表 1-4-6。

表 1-4-6　　信息点与配线架端口对应表

配线架名称	配线架端口序号	配线架端口编号	TO 端口序号	TO 端口编号
MUTO	01	MUTO-01	01	示例：TO-01
	02		02	

续表

配线架名称	配线架端口序号	配线架端口编号	TO 端口序号	TO 端口编号
MUTO	03		03	
	04		04	
	05		05	

2. 为了便于信息点与配线架端寻线，为每根 CAT 5E 双绞线的首尾两端做好标记，注意首尾________一致，以此类推。

（二）对比并判断线缆预留长度、线缆弯曲半径等规范尺度，按照规范要求敷设铜缆

1. 查阅信息页中的“线缆的敷设规范”，判断线缆在不同位置应当预留的长度，将下列预留位置与对应的预留长度用直线连接起来。

预留位置	预留长度
信息底盒内	0.5 ~ 2 m
电信间（楼层配线间）	3 ~ 5 m
设备间	30 ~ 60 mm

2. 根据设计规范，配线子系统中的非屏蔽线缆弯曲半径应不小于线缆外径的 4 倍，CAT 5E 双绞线的外径约为 6 mm。观察下列图片中线缆弯曲的弧度，判断是否符合敷设规范要求。

信息底盒内

是□　否□

多用户信息插座处

是□　否□

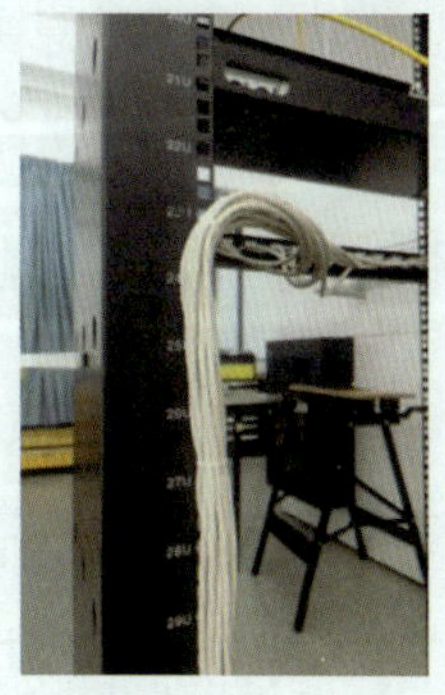

机柜转弯处

是□　否□

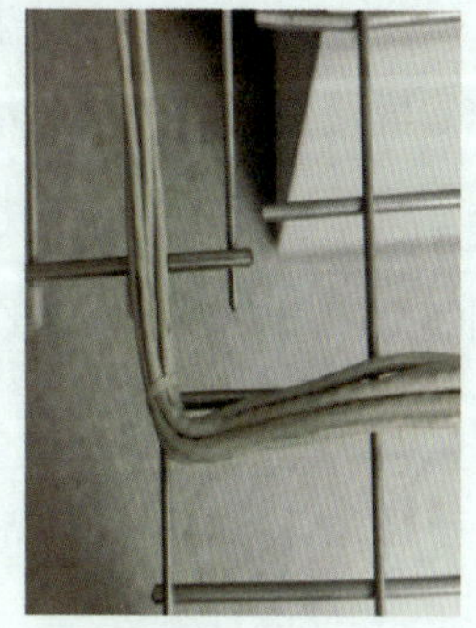

桥架转弯处

是□　否□

3. 小组合作敷设超五类双绞线，组间相互检查线缆预留长度是否合适、弯曲半径是否合格，并思考以下问题。

（1）在敷设线缆时，下列做法中正确的是（　　）。**【多选题】**

A. 注意提前梳理线缆，防止线缆过度扭曲或打结

B. 尽量用力把线缆拉直

C. 尽量让线缆在转弯处自然舒展

D. 线缆经过转弯处时需要用工具精准测量弯曲半径

（2）判断以下图片中的线缆敷设结果是否符合规范要求。

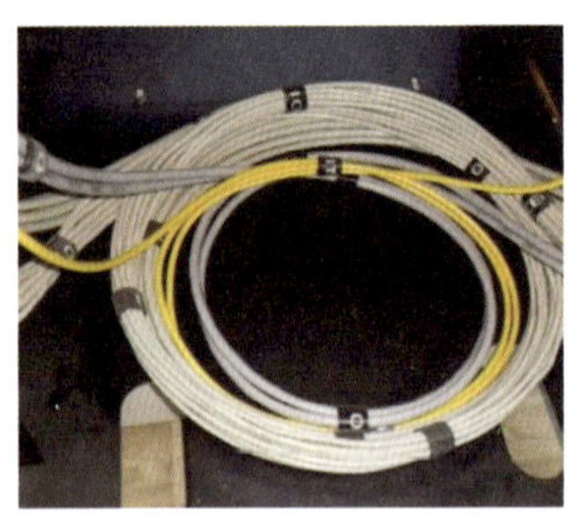

是□　否□

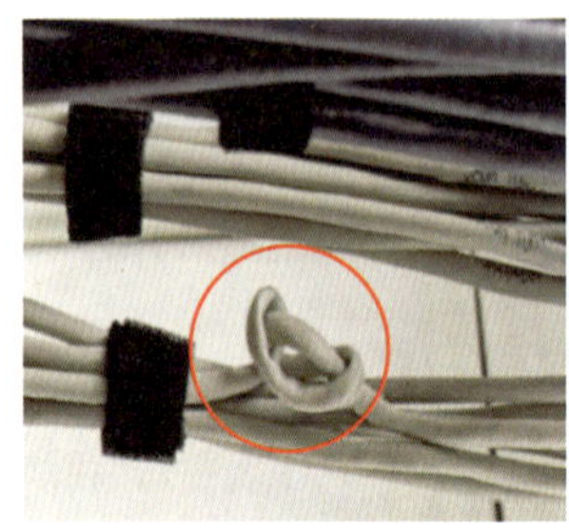

是□　否□

是□　否□

六、端接信息模块

敷设完线缆后，需要在线缆两端进行端接固定，首先是信息点内部信息模块的端接。本任务采用的是超五类非屏蔽免打式模块。

1. 自主查阅资料，观察实物，辨别免打式模块和打线式模块的结构差异。

免打式模块通常有预置的__________或压接机制，用于直接夹持或固定线芯，因此不需使用打线刀；打线式模块需要使用打线刀将线芯压入模块内部的____________，通常配有一个金属打线块，上面有一系列的小孔，用于线芯穿过并____________。

2. 观看教师演示端接信息模块，对照信息页中的“信息模块端接的步骤及注意事项”，完成超五类非屏蔽免打式模块的端接，相互交流，整理各操作步骤中的注意事项。

（1）剥线：先观察剥线器的松紧度，以免伤及线芯，剥线时露出大约 50 mm 的内部线芯。注意剥线器不得割伤线芯绝缘层。

（2）将线芯排序：____。

（3）插入信息模块：____。

（4）压紧压接盖：____。

（5）固定信息模块：____。

（6）使用标签标识：____。

七、端接铜缆配线架

连接信息点的线缆的另一端需要端接在配线架上，本任务需根据免打式配线架的特点进行端接。

1. 观看教师演示，尝试端接并安装超五类免打式铜缆配线架，对表 1-4-7 中的操作步骤进行排序。

表 1-4-7 端接与安装超五类免打式铜缆配线架的操作步骤

序号	操作步骤
	使用螺钉旋具将配线架固定在机柜上
5	使用简易通断测试仪测试从信息点到配线架之间的铜缆链路的通断情况
	按照信息模块端接方式进行配线架模块端接
	制作线缆标签并固定在对应的线缆上，如 A1-05/TO-01
1	确定配线架的安装位置

2. 以小组为单位，按以上操作步骤规范完成铜缆配线架的端接，相互提醒注意要点，在表 1-4-8 中记录自身存在或观察发现的问题，并提出改进措施。

表 1-4-8 铜缆配线架端接情况记录表

操作步骤	存在的问题	改进措施

八、制作网络跳线并连接交换机

把线缆敷设好并端接到信息模块和配线架后，还需要使用网络跳线把经过配线架的铜缆链路连接到网络交换机上才能连通网络。对于网络跳线可以购买成品也可以手工制作，在没有配备网络跳线成品的情况下需要手工制作网络跳线。

1. 查阅信息页中的“超五类非屏蔽直通跳线和交叉跳线的制作”，对比直通跳线和交叉跳线的差异，在表 1-4-9 中判断网络跳线的类型。

表 1-4-9 直通跳线和交叉跳线的差异对比表

线序	两端使用 T568A 或 T568B 线序标准，且两端线序相同 直通跳线 □ 交叉跳线 □	一端使用 T568A 线序标准，另一端使用 T568B 线序标准 直通跳线 □ 交叉跳线 □
应用场景	应用场景较少，通常用于直连两台计算机进行点对点通信 直通跳线 □ 交叉跳线 □	应用广泛，是最常见的网络跳线类型 直通跳线 □ 交叉跳线 □

2. 观看教师演示制作直通跳线，以下选项中属于 T568B 线序标准的是（　　）。【单选题】

A. 白橙、橙、白绿、绿、白蓝、蓝、白棕、棕

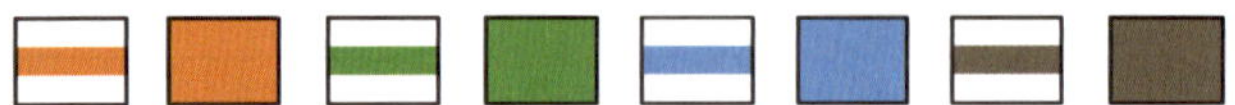

B. 白橙、橙、白绿、蓝、白蓝、绿、白棕、棕

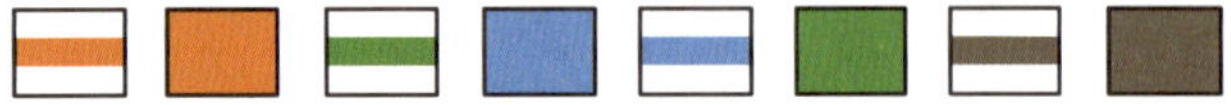

C. 白绿、绿、白橙、蓝、白蓝、橙、白棕、棕

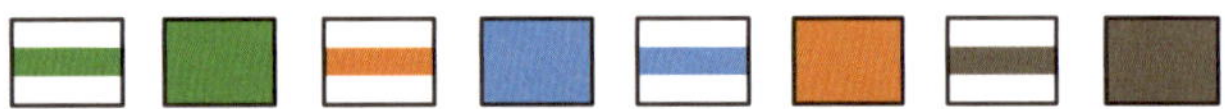

D. 白绿、绿、白蓝、橙、白橙、蓝、白棕、棕

3. 根据不同的线序标准，在规定时间内独立完成 5 根直通跳线和 5 根交叉跳线的制作，按照“工作区子系统和配线子系统单项技能操作（技能）”考核项目要求完成交叉互评，见表 1-4-10。

表 1-4-10 “工作区子系统和配线子系统单项技能操作（技能）”考核项目评分表

组别：

本考核项目总分占学习任务考核总分的 10%，可按 10 分计算

评分项目	得分（互评占比为 30%、师评占比为 70%）								
	交叉互评（学生姓名）								师评
在规定时间内分别完成 5 根直通跳线和 5 根交叉跳线的制作且连通无误，计 8 分，每少一根或未连通一根扣 1 分，扣完为止									
操作时能正确穿戴安全防护用品，规范使用工具，工位地面卫生清理彻底，计 2 分，出现不足扣 1 分									
汇总得分									

说明：根据实训条件，学生分批操作，一批操作时，一批跟随教师对操作的学生进行观察并评价，交替进行

九、标识铜缆链路

信息网络布线中的标签标识系统能为日后维护和管理带来便利，提高管理水平和工作效率，减

少网络配置时间。在工作区子系统和配线子系统中，需要对信息面板和已敷设的铜缆做好标签标识。

1. 查阅信息页中的“线缆和信息面板标签标识规范”，提取线缆的标识要求。

线缆两端应____________并____________，标签应书写或打印清晰、端正和正确。标签应选用不易损坏的材料。

2. 观察信息页中的“线缆标签编号的结构”，对照教学场所配线机柜中的标签，以下标签内容组成中正确的是（　　）。**【单选题】**

A. 本端设备名称 / 远端设备名称 – 本端对应端口序号 / 远端对应端口序号

B. 本端设备名称 – 远端设备名称 / 本端对应端口序号 – 远端对应端口序号

C. 远端设备名称 – 远端对应端口序号 / 本端设备名称 – 本端对应端口序号

D. 本端设备名称 – 本端对应端口序号 / 远端设备名称 – 远端对应端口序号

3. 参考信息页中的“铜缆和信息面板标签标识的样式”，为已完成施工的线缆、信息面板等制作并粘贴标签，最终形成敷设完成后的办公室网络布线系统。

组间相互检查，如有改进意见，填写在下面的方框中。

标签标识改进意见：

十、记录办公室网络布线施工情况

各阶段布线施工结束后，为了便于工程进度管理和问题追溯，施工人员还需要及时做好现场施工记录。

1. 查阅信息页中的“施工记录表的填写内容和要求”，填写表 1–4–11。

表 1-4-11 办公室网络布线施工记录表

工程名称：		施工日期：
现场施工人员		
施工内容		
人员，主要施工设备、工具、材料及使用情况		
备注		
制表人：	填表人：	填写日期：

2. 现在，已经完成了所有施工内容，按照“办公室网络布线施工（技能）”考核项目要求完成组间互评，见表 1-4-12。

表 1-4-12 “办公室网络布线施工（技能）”考核项目评分表

组别：

本考核项目总分占学习任务考核总分的 32%，可按 32 分计算

评分项目	得分（互评占比为 30%、师评占比为 70%）						
	小组一	小组二	小组三	小组四	小组五	小组六	师评
在规定时间内完成信息底盒安装，安装时螺钉应拧紧，计 2 分，每不符合一项扣 1 分							
信息底盒安装位置与信息点确认位置保持一致，水平偏差在 3° 以内，开口与墙面平行，信息点离地高度不小于 300 mm，体现规范意识，计 6 分，每不符合一项扣 1 分							
在规定时间内完成线槽的安装及线槽弯角的制作，固定牢固，线槽安装时需要横平竖直（整体水平偏差不超过 3°），体现规范意识，计 6 分，每不符合一项扣 1 分							

续表

评分项目	得分（互评占比为 30%、师评占比为 70%）						
	小组一	小组二	小组三	小组四	小组五	小组六	师评
线槽横截面积利用率不超过 50%，线缆相对平行走线，无扭曲、打结、接续等情况，信息点端预留 30 cm 以上的端接长度，体现规范意识，计 6 分，每不符合一项扣 1 分							
超五类双绞线弯曲半径符合标准；信息底盒内线缆做好标识，信息模块卡接稳固，信息点两端端接后测试正常，信息面板安装牢固，体现规范意识，计 6 分，每不符合一项扣 2 分							
端口对应表设计要素齐全、内容正确，能反映出配线架到信息点的对应关系；信息面板需粘贴机器打印的端口编号；标签标识精确到每个端口，反映布线系统逻辑结构，端口编号具有识别特征、简短、符合可扩充原则，计 4 分，每不符合一项扣 0.5 分							
操作时能正确穿戴安全防护用品，规范使用工具，工位地面卫生清理彻底，保持积极的劳动态度，体现安全意识、环保意识、劳动意识，计 2 分，有所欠缺扣 1 分							
汇总得分							

学习环节五 过程控制

学习目标

1. 能与小组成员合作，利用简易通断测试仪测试铜缆链路通断情况，辨别线序错误、断路、短路等常见故障类型，综合判断铜缆链路常见故障的原因及解决方法，处理好异常情况。

2. 能独立按照现场 6S 管理要求整理施工现场，规范填写测试记录表和项目验收单，整理归档资料。

建议学时

4 学时

学习要求

序号	学习步骤	学习内容	学时	备注
1	测试铜缆链路通断情况并解决故障	1. 信道与永久链路的辨别 2. 简易通断测试仪的使用和结果显示方式 3. 铜缆链路常见故障的类型、原因及解决方法 4. 解决问题的能力	3	
2	进行现场 6S 管理并整理归档资料	现场 6S 管理要求	1	

、测试铜缆链路通断情况并解决故障

（一）明确测试验收范围

在信息网络布线中，链路通常是指网络中节点之间的物理连接通道。链路确保了网络设备如计算机、服务器、路由器、网络交换机等之间的数据传输。链路按结构范围不同分为信道和永久链路。

1. 查阅信息页中的“信道与永久链路的辨别”，结合本任务施工内容，在图 1-5-1 中找出永久链路的起点和终点，并用连线把这段永久链路范围表示出来。

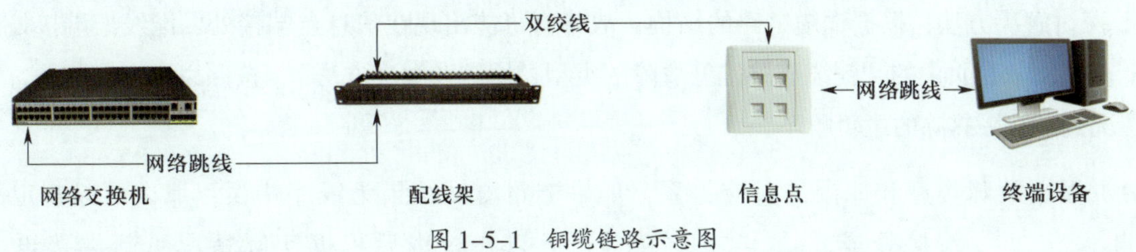

图 1-5-1 铜缆链路示意图

2. 以下关于信道与永久链路差异的表述中，正确的是（ ）。【单选题】

A. 信道的最大长度限制为 90 m

B. 信道包括网络跳线，而永久链路不包括网络跳线

C. 永久链路的总长度通常不超过 100 m

D. 永久链路包含网络跳线部分

（二）探讨并梳理铜缆链路常见故障的类型、原因及解决方法

1. 辨别故障类型：查阅信息页中的“简易通断测试仪的使用和结果显示方式”“铜缆链路常见故障的类型、原因及解决方法”，小组合作使用简易通断测试仪测试预设故障的铜缆链路，观察并记录简易通断测试仪的显示结果，把显示结果和对应的故障类型填写在表 1-5-1 中。

表 1-5-1 铜缆链路故障测试记录表

链路	显示结果	故障类型
1		
2		
3		

2. 判断故障原因：在铜缆链路故障测试中，若简易通断测试仪主机上的指示灯从 1 号灯至 8 号灯逐个亮起，而副机上的 1 号灯和 2 号灯同时亮起，且副机上的其他灯和主机上的指示灯同步亮起，此故障可能的原因是（ ）。【单选题】

A. 铜缆端接时线序不正确

B. 铜缆多根线芯触碰到一起形成短路

C. 端接时线芯压接不到位或线芯受损，导致铜缆一根或多根线芯断开

3. 探讨解决方法：根据铜缆链路的结构，故障有可能出现在信息点端接处、配线架端接处以及铜缆上。查阅信息页中的“铜缆链路常见故障的类型、原因及解决方法”，按照以下引导问题，针对不同情况判断故障排除的逻辑顺序。

（1）根据故障类型和原因的对应关系，如果链路测试结果为线序错误，那么可以判定故障是出自________端接处或________端接处，可以在检查后根据实际情况重新端接再测试验证。

（2）如果链路测试结果为短路或断路，则可以依次先检查________和________端接处，如果重新端接后仍未能解决问题，则需要先检查________是否受损，再按需更换铜缆并重新端接。

4. 与小组成员合作，结合学习环节四中的任务实施结果，逐一测试铜缆链路通断情况，解决存在的故障，填写表 1-5-2。

表 1-5-2　铜缆配线架端口与信息点端口通断测试记录表

<table>
<tr><th rowspan="2">序号</th><th colspan="3">铜缆配线架端</th><th colspan="2">信息点端</th><th rowspan="2">测试结果</th><th rowspan="2">故障解决方法</th><th rowspan="2">备注</th></tr>
<tr><th>配线架名称</th><th>配线架端口序号</th><th>配线架端口编号</th><th>TO 端口序号</th><th>TO 端口编号</th></tr>
<tr><td>1</td><td rowspan="5"></td><td>01</td><td></td><td>01</td><td></td><td>通 □　不通 □</td><td></td><td rowspan="5">网络推广部</td></tr>
<tr><td>2</td><td>02</td><td></td><td>02</td><td></td><td>通 □　不通 □</td><td></td></tr>
<tr><td>3</td><td>03</td><td></td><td>03</td><td></td><td>通 □　不通 □</td><td></td></tr>
<tr><td>4</td><td>04</td><td></td><td>04</td><td></td><td>通 □　不通 □</td><td></td></tr>
<tr><td>5</td><td>05</td><td></td><td>05</td><td></td><td>通 □　不通 □</td><td></td></tr>
</table>

5. 梳理学习成果：以思维导图的方式整理铜缆链路的简易通断测试仪显示结果、故障类型、故障原因及解决方法之间的逻辑关系，画在图 1-5-2 中，组内交流完善，并按照“铜缆链路常见故障的类型、原因及解决方法思维导图（学习成果）”考核项目要求完成组间互评，见表 1-5-3。

图 1-5-2　铜缆链路常见故障的类型、原因及解决方法思维导图（学习成果）

表 1-5-3　"铜缆链路常见故障的类型、原因及解决方法思维导图（学习成果）"考核项目评分表

<table>
<tr><td colspan="8">组别：</td></tr>
<tr><td colspan="8">本考核项目总分占学习任务考核总分的 10%，可按 10 分计算</td></tr>
<tr><td rowspan="2">评分项目</td><td colspan="7">得分（互评占比为 30%、师评占比为 70%）</td></tr>
<tr><td>小组一</td><td>小组二</td><td>小组三</td><td>小组四</td><td>小组五</td><td>小组六</td><td>师评</td></tr>
<tr><td>思维导图要素齐全，按照简易通断测试仪显示结果、故障类型、故障原因及解决方法的先后顺序进行分析，计 4 分，每缺少一类要素扣 2 分</td><td></td><td></td><td></td><td></td><td></td><td></td><td></td></tr>
<tr><td>思维导图各类要素之间的对应关系正确，计 6 分，每错误一处扣 1 分</td><td></td><td></td><td></td><td></td><td></td><td></td><td></td></tr>
<tr><td>汇总得分</td><td colspan="7"></td></tr>
</table>

二、进行现场 6S 管理并整理归档资料

在项目验收前，施工人员需按照现场 6S 管理要求再次检查施工现场是否符合验收规范要求，并整理好相关施工文档提交给项目主管。

1. 现代企业为了实现安全生产、节省成本、提升效益等目标，需要员工执行生产现场 6S 管理，查阅信息页中的"现场 6S 管理要求"，小组合作再次检查本组施工现场，试判断以下检查和处理内容中正确的是（　　）。【多选题】

A. 对剩余材料进行清理，将可回收重复使用的材料整理后定点存放

B. 将还没清理的所有垃圾，特别是容易忽略的碎屑、灰尘等都要清理干净

C. 清点和整理好各类工具，以便下次使用

D. 对存放着的铜缆提前开剥以便下次快速使用

2. 由于本任务是企业内部的工程，所以工程部完成施工后只需邀请网络推广部负责人验收即可，验收时一般要使用验收单，不同企业的验收单格式不一，按照表 1–5–4 的体例格式预填相关内容，供两个部门共同验收使用。

表 1–5–4　　办公室网络布线实施项目验收单

<table>
<tr><td>项目名称</td><td></td><td>施工地点</td><td></td></tr>
<tr><td>建设部门</td><td></td><td>施工部门</td><td></td></tr>
<tr><td colspan="4">项目完成情况</td></tr>
<tr><td colspan="4">施工内容：

验收结果：
系统功能符合设计规范要求□
布线规范，施工工艺符合规定□</td></tr>
<tr><td colspan="4">验收部门意见：
签名（盖章）：
日期：</td></tr>
</table>

3. 项目验收时需要对施工记录资料进行整理和交付，以便追溯相关施工情况，需要归档的资料应包括（　　）。**【多选题】**

A. 设计图纸　　B. 端口对应表　　C. 施工记录表

D. 测试记录表　　E. 项目验收单

学习环节六 评价反馈

学习目标

1. 能小组合作，按照工作区子系统、配线子系统的构成，划分不同施工内容，从技术技能、工具和材料应用、工作组织等方面逐项回顾、梳理遇到并解决的困难或纠正过的错误点，提出任务实施的关键点和注意事项。

2. 能结合实施过程和内容简要表达自己在本任务中的劳动体验与感受。

建议学时

2 学时

学习要求

序号	学习步骤	学习内容	学时	备注
1	梳理办公室网络布线任务实施的关键点和注意事项	办公室网络布线任务实施的关键点和注意事项的梳理	1	
2	反思劳动体验与感受	1. 与人交流的能力 2. 与人合作的能力 3. 崇尚劳动的精神	1	

一、梳理办公室网络布线任务实施的关键点和注意事项

1. 按照施工步骤，反思操作过程中遇到了哪些困难和问题，又是如何解决的，填写在表 1-6-1 中。

表 1-6-1 办公室网络布线任务实施反思记录表

步骤	遇到的困难或问题	解决方法
示例：安装信息底盒	安装位置不准确，不水平、不牢固	使用工具测量并标记安装位置，离地 30 cm，安装和固定前先判断是否水平
制作 PVC 线槽弯角并安装 PVC 线槽		
敷设超五类双绞线		
端接信息模块		
端接铜缆配线架		
制作网络跳线并连接交换机		
标识铜缆链路		
测试铜缆链路通断情况并解决故障		

2. 小组讨论，针对反思中提到的困难、问题和解决方法，整理出任务实施中的关键点和注意事项，填写在表 1-6-2 中。

表 1-6-2 办公室网络布线任务实施的关键点和注意事项整理表

步骤	关键点	注意事项
示例：端接信息模块	信息模块的压制	确保每根导线与金属接触点完全接触，注意要避免虚接或断路

续表

步骤	关键点	注意事项

3. 按照“办公室网络布线任务实施的关键点和注意事项整理表（学习成果）”考核项目要求完成个人自评与组间互评，见表 1–6–3。

表 1-6-3 “办公室网络布线任务实施的关键点和注意事项整理表（学习成果）”考核项目评分表

组别：

本考核项目总分占学习任务考核总分的 10%，可按 10 分计算

评分项目	得分（自评占比为 20%、互评占比为 30%、师评占比为 50%）							
	自评	小组一	小组二	小组三	小组四	小组五	小组六	师评
常见问题梳理完整，计 2 分，有所欠缺扣 1 分								
解决方法齐全、正确有效，计 4 分，有所欠缺扣 1 分								
注意事项齐全、具体、可操作，计 4 分，每缺少一项扣 1 分								
汇总得分								

二、反思劳动体验与感受

（一）反思劳动过程中的沟通与合作表现

1. 在完成本任务的过程中，你参与了哪些小组合作？具体负责了哪些事项？能否独立较好地按要求完成自身任务？根据自身实际情况进行反思并填写表 1–6–4。

表 1-6-4 办公室网络布线任务实施合作情况回顾

学习或工作内容	具体负责事项	能否独立完成自身任务	自身不足或提升点
示例：获取信息	和小组成员合作分析任务需求，本人主要负责了……	能□ 否□	

续表

学习或工作内容	具体负责事项	能否独立完成自身任务	自身不足或提升点
制订计划		能□ 否□	
做出决策		能□ 否□	
实施计划		能□ 否□	
过程控制		能□ 否□	
评价反馈		能□ 否□	

2. 在完成本任务的过程中，你和小组成员进行了哪些方面的沟通？在沟通过程中，你认为自身有哪些不足或提升点？把你的反思结果填写在表 1-6-5 中。

表 1-6-5　　办公室网络布线任务实施沟通情况回顾

学习或工作内容	具体负责沟通的对象或内容	自身不足或提升点
示例：获取信息	和小组成员分析任务的业务种类和线缆类型	以为自己能独立完成，不够注重和同学交换意见，以后多和同学商量，提升效率和质量
制订计划		
做出决策		

续表

学习或工作内容	具体负责沟通的对象或内容	自身不足或提升点
实施计划		
过程控制		
评价反馈		

3. 按照“任务实施的沟通与合作（通用能力－与人交流和与人合作）”考核项目要求完成个人自评和组内互评（分别对组内每一个同学进行评价），见表 1-6-6。

表 1-6-6　“任务实施的沟通与合作（通用能力－与人交流和与人合作）”考核项目评分表

组别：

本考核项目总分占学习任务考核总分的 10%，可按 10 分计算

评分项目	得分（自评占比为 20%、互评占比为 30%、师评占比为 50%）							
	自评	组内互评（学生姓名）						师评
在任务实施中敢于表达自己的想法，计 2 分，存在不足扣 1 分								
在小组讨论中认真倾听他人意见，计 2 分，存在不足扣 1 分								
在小组分工中乐于承担任务，计 2 分，存在不足扣 1 分								
在任务实施中主动协助同伴，计 2 分，存在不足扣 1 分								
在团队交流与合作中总体体现积极的态度并有实际行动，计 2 分，存在不足扣 1 分								
汇总得分								

（二）崇尚信息网络布线劳动

信息网络布线工作是一类系统、复杂的劳动，既包含体力劳动又包含脑力劳动，需要劳动精神的支撑和推动。

1. 在学习强国平台以“崇尚劳动”为关键词进行搜索，根据搜索到的资料，你认为以下情形中体现了崇尚劳动精神的是（　　）。**【多选题】**

A. 加大与劳动相关的法律法规和政策宣传

B. 在学校开展劳动课

C. 大力表彰和宣传劳动楷模

D. 开展各类社会劳动实践活动

E. 慰问和关心一线劳动者

2. 回顾信息网络布线工作范畴和价值，基于你在本任务中的工作体验，你认为在崇尚劳动的社会氛围里，作为一名信息通信网络线务员应如何体现自身应有的劳动素质？试举个例子。

____

____

____

____